Émile Littré

Du développement historique de la logique

Sciences

 Le code de la propriété intellectuelle du 1er juillet 1992 interdit en effet expressément la photocopie à usage collectif sans autorisation des ayants droit. Or, cette pratique s'est généralisée dans les établissements d'enseignement supérieur, provoquant une baisse brutale des achats de livres et de revues, au point que la possibilité même pour les auteurs de créer des œuvres nouvelles et de les faire éditer correctement est aujourd'hui menacée. En application de la loi du 11 mars 1957, il est interdit de reproduire intégralement ou partiellement le présent ouvrage, sur quelque support que ce soit, sans autorisation de l'Éditeur ou du Centre Français d'Exploitation du Droit de Copie , 20, rue Grands Augustins, 75006 Paris.

ISBN : 978-1976343193

10 9 8 7 6 5 4 3 2 1

Émile Littré

Du développement historique de la logique

Sciences

Table de Matières

I. — IDÉE D'UNE SUCCESSION DANS LA LOGIQUE
6

II – ETABLISSEMENT ET CARACTÈRE DU SYLLOGISME
8

III – RÔLE HISTORIQUE DU SYLLOGISME. – IL RUINE LE RÉALISME DANS LE MOYEN-AGE
12

IV – EXTENSION DU NOMINALISME DANS L'ÈRE MODERNE
16

V. – ÉVOLUTION HISTORIQUE DES SCIENCES POSITIVES
20

VI. – MÉTHODES DES SCIENCES POSITIVES – LES SCIENCES SYSTÉMATISÉES CONSTITUENT LA PHILOSOPHIE
24

VII. – VARIATIONS SÉCULAIRES DES TENDANCES LOGIQUES. – CONCLUSION
28

I. — IDÉE D'UNE SUCCESSION DANS LA LOGIQUE

C'est avec intention que j'ai rapproché ces deux ouvrages, l'un le premier traité qui ait été composé sur la logique, l'autre le dernier ou l'un des derniers. Il a été, de tout temps, curieux et instructif de rechercher les données de l'histoire dans chacun des départements de la culture humaine ; mais à aucune époque cela n'a été plus important qu'à la nôtre. Pour quelques esprits (et je suis du nombre), l'histoire apparaît non plus comme une collection de faits que l'érudition enregistre sans en saisir l'enchaînement, mais comme une science dont la loi fondamentale est trouvée : à savoir, que toutes nos conceptions sont d'abord théologiques, puis métaphysiques, enfin positives. J'ajoute sans hésitation que, quand cette notion capitale aura été sanctionnée par l'assentiment général, notre révolution, qui a tantôt soixante ans de durée, sera virtuellement terminée ; car il en résultera d'un côté, pour ceux qui sont sincèrement épouvantés de la chute des vieilles institutions, que la ruine du passé ne coupe pas le chemin vers l'avenir et ne met point un abîme devant nos pieds, d'un autre côté, pour ceux qui cherchent *a priori* cet avenir, qu'il a des conditions essentielles, indépendantes de tout arbitraire, soustraites à toute volonté, quelque puissante qu'on la suppose, conditions qui sont pour le développement des sociétés ce que sont les conditions correspondantes pour tout autre phénomène naturel. Ici, dans la logique, dont il est seulement question, mais qui tient au reste (car, à vrai dire, il n'y a qu'une seule science dont les autres ne sont que des chaînons, et dont l'enseignement systématique, parfaitement possible, transformera la philosophie et fera faire un pas considérable à la raison contemporaine), dans la logique, dis-je, nous tenons sinon la première élaboration, du moins le premier texte officiel, celui d'Aristote ; et, pour une élaboration scientifique aussi circonscrite, il sera facile de signaler au lecteur, en lui montrant le point de départ et le terme actuel, la direction véritable de l'intelligence, excluant toutes les idées de cercle et d'orbite imaginées au sujet de la civilisation.

En contradiction à ce qui vient d'être dit s'élève tout d'abord une assertion singulière des métaphysiciens : ils déclarent d'une manière assez concordante que, depuis Aristote, la logique n'a pas fait un seul progrès. Kant a dit : « On voit que la logique possède le caractère d'une science exacte depuis fort longtemps, puisqu'elle ne s'est pas trouvée dans la nécessité de reculer d'un pas depuis Aristote. Ce qu'il y a encore de remarquable, c'est qu'elle n'a pu faire jusqu'ici un seul pas de plus, et qu'elle semble, suivant toute apparence, avoir été complètement achevée et perfectionnée dès sa naissance. » M. Barthélemy Saint-Hilaire, qui est métaphysicien, n'a pas un autre avis. La longue et érudite *Introduction* qu'il a mise devant *l'Organon* d'Aristote a pour but d'enseigner que les efforts tentés à l'effet de développer la logique aristotélicienne ont avorté, et elle se termine en souhaitant que la nouvelle école, c'est-à-dire l'école éclectique, ait l'honneur de perfectionner l'œuvre antique. Cette espérance est vaine ; ce souhait est de ceux qui, suivant l'image du poète latin, se perdent dans les airs et servent de jouet aux vents (*ludibria ventis*). Il y a vingt-deux siècles que l'on travaille en vain à faire un pas dans cette impasse ; vingt-deux siècles pourraient encore s'écouler sans que les futurs commentateurs d'Aristote eussent à signaler rien qui dût être compté comme une acquisition nouvelle, comme un prolongement scientifique de vérité en vérité.

Cependant il est vrai que la logique s'est perfectionnée, et cela s'est fait non-seulement en dehors des métaphysiciens, mais, ce qui est plus curieux, à leur insu. Ils ne se doutent pas de la voie qui a été tracée dans une autre direction, et ils s'obstinent à frapper à une porte qui ne peut s'ouvrir. Je vais donc indiquer d'abord comment la métaphysique est demeurée impuissante à développer la logique aristotélitique, ensuite par quels progrès a passé le pouvoir de démonstration.

Le pouvoir de démonstration, c'est la logique. Il n'y en a pas, à mon sens, de meilleure définition. Reconnaître ou démontrer (ce qui est identique) à quel titre une chose est vraie, c'est-à-dire comment des données fournies par la conscience et par l'intuition on s'élève à des vérités de plus en plus étendues, tel est le domaine qui appartient à la science fondée par Aristote. Ce pouvoir de démonstration a-t-il grandi ? et, s'il a grandi, dans quel sens ? Les faits répondent : il a fait d'immenses progrès dans la voie des sciences positives ; il n'en a fait aucun dans la voie de la métaphysique. La métaphysique est aujourd'hui aussi impuissante qu'à l'origine pour établir les notions qu'elle débat éternellement sur les causes premières et finales ; au contraire, les sciences ont renouvelé et renouvellent sans cesse la série des idées humaines. Là est la cause de l'immobilité métaphysique de la logique, là est la cause de son développement scientifique.

Notre intelligence possède une propriété primordiale qui lui fait reconnaître qu'un objet, un fait, une chose, une idée, sont semblables ou dissemblables à un autre objet, fait, chose ou idée. Si c'est la marque de B, et que B soit la marque de A, nous en concluons spontanément que C est aussi la marque de A. En cela gît la base entière de la logique. Tout travail de raisonnement est une opération par laquelle on ramène, de similitude en similitude, l'objet inconnu à l'objet connu. Il n'y a, au point de vue. qui nous occupe, que cela d'inné dans l'intelligence ; elle ne peut jamais refuser son assentiment à cette proposition-ci : A égale A. Une faculté aussi simple, aussi bornée, n'est capable de saisir, on le comprend sans peine, les objets scientifiques qu'à l'aide de méthodes subsidiaires qui permettent à ces objets de tomber sous l'application de la faculté. Une analogie fera concevoir nettement ma pensée : on sait que le plus puissant instrument pour développer les théories physiques est le calcul ; mais, pour que le calcul fût applicable, il a été nécessaire qu'il créât des formules de plus en plus efficaces et pénétrantes. Peu de questions physiques sont solubles pour la nue faculté de calcul innée à l'esprit humain ; mais le nombre et la complication des questions solubles croît à mesure que se constituent de nouvelles fonctions distinctes, éléments fondamentaux de nos combinaisons analytiques. De même ici, dans la logique, peu de questions, et des questions très simples, sont accessibles à la faculté mentale que j'ai indiquée. Pour avancer dans le déchiffrement des hiéroglyphes naturels, il faut qu'elle s'arme de méthodes puissantes, jouant dans la logique le rôle des fonctions dans l'analyse.

II – ETABLISSEMENT ET CARACTÈRE DU SYLLOGISME

Cette faculté primordiale dans l'esprit humain, et dont tous les hommes font spontanément usage, a constitué la logique primitive et tous les premiers essais de démonstration. Les Grecs, dont l'esprit scientifique s'éveilla de bonne heure, ne tardèrent pas à porter leur attention sur ce fait psychologique, et, longtemps avant Aristote, les sophistes rendirent plus subtiles et plus acérées les armes de la dialectique commune. Ce mouvement dialectique coïncidait avec un ébranlement profond des croyances générales ; les sophistes touchèrent à tout : religion, morale et politique ; et, sans pouvoir rien substituer à ce qu'ils mettaient en doute, ils répandirent les semences d'une philosophie négative, semences qui ne cessèrent de fructifier que quand une doctrine alors positive, à savoir le christianisme, se fut emparée des intelligences et eut renouvelé tout l'ordre ancien. Je dis alors positive, car, depuis, les choses ont changé ; l'humanité a fait un nouveau pas ; le christianisme a été, comme le polythéisme, miné par une philosophie négative, plus puissante et plus générale ; et le caractère positif, en opposition aussi bien avec la théologie qu'avec la métaphysique, est définitivement échu à la science. A cette époque reculée, dans la Grèce antique, outre l'effet général dont je viens de parler, la dialectique sophistique eut l'effet partiel de favoriser le développement de la logique, et aussi vit-on apparaître, dans toute sa rigueur, dans toute sa netteté, dans toute son étendue, grâce au génie d'Aristote, le syllogisme, destiné à un grand empire dans le moyen-âge et dans la scolastique.

Le syllogisme est un véritable progrès logique, malgré ce qu'en ont dit certains philosophes, malgré l'incontestable pétition de principe que renferme tout syllogisme. En effet, dans ce raisonnement : *Tout homme est mortel ; or, Socrate est un homme, donc il est mortel*, il est incontestable que la proposition *Socrate est mortel* est présupposée dans la majeure : *Tout homme est mortel* ; il est incontestable que nous ne sommes assurés de la mortalité de tous les hommes qu'à la condition d'être préalablement certains de la mortalité de chaque homme individuellement ; il est incontestable qu'il n'y a, du principe général, à inférer que les faits particuliers admis par ce principe même comme connus d'avance. L'argument n'est pas réfutable ; aussi est-ce d'un autre côté qu'il faut chercher la théorie du syllogisme. M. Mill l'a donnée avec beaucoup de sagacité ; j'adhère complètement à ses explications et je les cite : « La valeur de la forme syllogistique et les règles pour s'en servir correctement consistent non en ce qu'elles sont la forme et les règles suivant lesquelles nos raisonnements se font nécessairement ou même habituellement, mais en ce qu'elles nous fournissent un mode dans lequel ces raisonnements peuvent toujours être représentés et qui est admirablement calculé pour en mettre, s'ils ne sont pas concluants, en lumière le défaut. Une induction du particulier au général, suivie d'une déduction syllogistique de ce général à d'autres particularités, est une forme dans laquelle nous pouvons toujours exposer notre raisonnement, si cela nous convient ; ce n'est pas une forme dans laquelle nous raisonnions nécessairement, c'en est une dans laquelle il nous est loisible de raisonner, et qui devient indispensable toutes les fois que nous avons quelque doute sur la validité de notre argumentation. Tel est l'usage du syllogisme en tant que moyen de vérifier un argument donné. Quant à l'usage ultérieur touchant la marche générale de nos opérations intellectuelles, le syllogisme équivaut à ceci : c'est une induction une fois faite. Il suffira d'une seule interrogation à l'expérience, et le résultat pourra être enregistré sous la forme d'une proposition générale qui est confiée à la mémoire et dont il n'y a plus qu'à syllogiser. Les particularités de nos expérimentations sont alors abandonnées par la mémoire, où il serait impossible de retenir une telle multitude de détails, tandis que la connaissance que ces détails procuraient, et qui autrement serait perdue dès que les observations auraient été oubliées, est retenue, à l'aide du langage général, sous une forme commode et immédiatement applicable. L'emploi du syllogisme n'est, dans le fait, pas autre chose que l'usage de propositions générales dans le raisonnement.

Cet éclaircissement montre comment le syllogisme, tout en contenant une pétition de principe dans la majeure, n'en est pas moins infiniment utile à la logique. Sans proposition générale, le raisonnement serait confiné à une extrême simplicité. Sans doute, l'enfant qui s'est brûlé le doigt n'a pas besoin, pour ne plus s'y exposer, de la proposition générale : *le feu brûle* ; il conclut du particulier au particulier et s'abstient de toucher de nouveau à la chandelle : c'est ce que nous faisons dans les cas les moins complexes, c'est ce que font aussi les animaux ; mais, sans le secours des propositions générales, il serait impossible de conduire avec aucune sûreté un raisonnement étendu, et toute expérience un peu compréhensive serait, à chaque fois, perdue pour l'intelligence humaine. La proposition générale s'est introduite de plus en plus à mesure que les hommes ont accumulé davantage de l'expérience et de la réflexion, et un homme de génie, dans cette Grèce si ingénieuse, a montré, en créant le syllogisme, comment il fallait user de ces propositions générales pour en user correctement.

On le voit, le syllogisme n'est pas déductif, car il contient implicitement une pétition de principe ; par là il lui est interdit de faire un pas hors de lui-même, et, à quelque torture qu'on le mette, avec quelque sagacité qu'on le manie, on ne peut en tirer aucun développement ultérieur qui profite à la science. Le syllogisme n'est pas non plus inductif ; les propositions générales dont il se sert pour poser sa majeure sont, il est vrai, dues à une induction, mais cette induction s'opère en dehors du syllogisme, et ce n'est que lorsqu'elle s'est formulée par un procédé quelconque, dont il ne se fait pas juge, qu'elle entre dans son domaine. Que reste-t-il donc au syllogisme ? Il lui reste d'être le régulateur de l'emploi de la proposition générale. C'est de cette façon qu'il a contribué au lent perfectionnement de l'intelligence, qui est la condition du changement social, et qui consiste essentiellement en ceci : rendre incroyable ce qui était croyable, et croyable ce qui était incroyable. Qu'on réfléchisse à cette bien brève formule, et l'on sentira que, si quelque mutation de ce genre s'opère dans les esprits, une mutation correspondante dans les choses n'est pas loin.

Pendant que le syllogisme régnait en souverain dans l'école, la logique, qui appartient aux sciences, cheminait à petit bruit et n'avait qu'une part restreinte du domaine philosophique ; mais, quand cette part se fut notablement accrue, le syllogisme, par une réaction dont on voit de continuels exemples, tomba dans la désuétude, et l'on pourrait dire dans le mépris. Cependant cette désuétude n'est pas réelle et ce mépris n'est pas fondé. Le syllogisme reste aussi utile qu'il le fut jamais ; seulement il occupe une place plus humble. Au lieu d'être, comme jadis, le point culminant de la science, il n'en est plus qu'une des assises inférieures. De même que les opérations fondamentales de l'arithmétique conservent toute leur valeur malgré les plus hautes spéculations de l'analyse, de même le syllogisme est toujours le guide de l'emploi des propositions générales et toujours un élément indispensable du raisonnement pour l'homme sorti des langes de la civilisation.

II – ETABLISSEMENT ET CARACTÈRE DU SYLLOGISME

III – RÔLE HISTORIQUE DU SYLLOGISME. – IL RUINE LE RÉALISME DANS LE MOYEN-AGE

A quoi, dans le progrès des idées, a servi ce syllogisme inventé par Aristote et quelle en a été la fonction pour le développement de notre intelligence et, par suite, pour la mutation de nos sociétés ? Dans le cours de l'histoire ou, ce qui est la même chose, de la civilisation, il arriva un temps où, le polythéisme s'étant condensé en monothéisme, le maître ayant fait place au seigneur féodal, et l'esclave au serf, toutes les idées religieuses se trouvèrent soumises au contrôle d'une série de livres, les Écritures, qu'il fallut interpréter et concilier. Pour cette discussion, dont dépendait l'équilibre de l'orthodoxie, équilibre qui, à son tour, maintenait celui de la société, comme on le vit bien quand plus tard, l'orthodoxie ayant été vaincue, s'ouvrit l'ère des révolutions, pour cette discussion, dis-je, l'antiquité offrait un ouvrage admirable, à savoir *l'Organon* avec le syllogisme. Aristote vint donc prendre place dans la grande élaboration intellectuelle qui s'entamait, et deux livres, l'Écriture et les œuvres du philosophe grec, dominèrent toute la scolastique.

J'ai mis sur le même niveau la condensation du polythéisme gréco-romain en monothéisme et l'établissement de l'ordre féodal en place de l'ordre antique. En effet, ce n'est pas par une simple coïncidence que ces deux phénomènes se trouvent juxtaposés dans l'histoire. Semblablement ce n'est pas non plus par une simple coïncidence qu'avec la révolution mentale constatée par la réformation du XVIe siècle est survenue la révolution dans les choses. Enfin, ce n'est pas par une simple coïncidence que, sous nos yeux mêmes, à mesure que les vieilles notions s'enfoncent dans le passé, la société prend une face nouvelle, les aristocraties s'abaissent, les clergés perdent la direction de l'enseignement, les rois s'en vont et le peuple monte. L'histoire ainsi considérée excite un profond intérêt : sans doute, le cœur palpite de joie ou de douleur au milieu des événements contemporains, sans doute il éprouve de vives et sincères sympathies pour les nobles actions, pour les grands services, pour les héroïques souffrances des générations qui nous ont précédés ; mais, sous ce tissu vivant de sentiments et de passions, on découvre, maintenant qu'on sait la voir, une loi longtemps reculée loin de nos yeux, une loi qui détermine la pente de la civilisation. Et certes, arrivée à ce point, la contemplation scientifique éprouve une satisfaction plus intime qu'au spectacle même des mondes roulant dans leurs orbites éternelles. Au ciel, c'est la régularité dans le silence infini qui charme et transporte l'esprit ; mais pour l'histoire, c'est la régularité dans le tumulte et l'agitation qui frappe et attire. A l'aspect de la civilisation humaine qui s'avance dans le temps, comme les mondes s'avancent dans l'espace, il semble voir un vaisseau qui, s'inclinant sans cesse tantôt sur un bord et tantôt sur un autre, se relève sans cesse et gouverne sous l'impulsion du vent qui le pousse et des flots qui le portent.

Le syllogisme a eu sa part dans cette élaboration. Dante place dans son paradis un certain Siger, qui, dit-il,

Sillogizô invidiosi veri,

vers qui a été ainsi rendu par un vieux traducteur français d'une manière non trop indigne du modèle :

Syllogisa discours dont on lui porte envie.

Un de nos érudits les plus versés dans l'histoire littéraire du moyen-âge a reconnu dans ce Siger, que tous les commentateurs de l'Homère italien avaient abandonné, un docteur scolastique qui professa à Paris dans la rue du Fouarre et que Dante avait sans doute entendu ; mais, tout en jetant un jour nouveau sur ce personnage placé par un contemporain à côté d'Albert de Cologne et de saint Thomas d'Aquin, il n'a pu nous apprendre quels étaient ces *invidiosi veri*, *ces discours dont on lui porte envie*. En tout cas, ce qui est dit de Siger peut être pris dans un sens plus général et appliqué au syllogisme lui-même, tel que l'entendit et le pratiqua la scolastique. Le syllogisme ruina définitivement le réalisme ; or, quiconque a étudié, soit le développement de l'esprit humain, soit l'histoire de la métaphysique, sait que le réalisme est un de ces fantômes qui gardaient les avenues de la science positive comme les fantômes du Tasse gardaient le chemin de la forêt.

Avec deux livres pour point de départ de l'argumentation, avec le fond reçu de la société gréco-romaine, avec l'esprit d'entreprise et de recherche qui créait l'alchimie, introduisait la boussole, la poudre à canon, le papier, les acides puissants, l'alcool, avec ces écoles ardentes où toute l'Europe se donnait rendez-vous, le moyen-âge ouvrit une discussion philosophique dont il n'y a pas l'équivalent dans l'antiquité, soit pour l'importance, soit pour la rigueur. La question du réalisme et du nominalisme n'avait jamais été systématiquement traitée dans la métaphysique grecque ; alors elle fut abordée dans une de ses plus importantes parties, et c'est, à proprement parler, de nos jours seulement qu'elle touche à son terme. Elle consiste en ceci : les conceptions auxquelles les hommes primitifs, nécessairement et d'après les conditions fondamentales de notre esprit, ont donné une existence réelle et, pour me servir du langage de l'école, une réalité objective, ont-elles véritablement cette existence, cette réalité ? ou plutôt ne sont-elles pas purement subjectives, de simples manières de voir, des imaginations pour lesquelles il n'est jamais permis de conclure de leur présence dans notre tête à leur présence effective dans le monde extérieur ?

On comprendra sans peine l'importance du débat. C'est à l'infini que les hommes ont imaginé, et longtemps tout contrôle leur a manqué pour distinguer si ce qu'ils se figuraient ainsi avait, comme ils le pensaient, un être à soi. Le progrès de la civilisation est un empiétement continuel du nominalisme sur ce réalisme primordial, et c'est ainsi que l'on doit concevoir, par exemple, le triomphe du monothéisme chrétien sur le polythéisme. Qu'étaient-ce que Jupiter, Minerve et les autres, sinon des imaginations prises pour des réalités et réduites par un progrès de la raison humaine à n'être plus que des mots et, comme on disait dans la scolastique, *flatus vocis* ? Après la chute du polythéisme religieux restait un polythéisme métaphysique, c'est-à-dire toutes ces entités connues sous le nom d'universaux et de genres qui, après avoir été d'abord un progrès, puis un exercice pour l'esprit, lui devenaient de plus en plus inacceptables et de plus en plus oppressives. C'est sur ce terrain que s'engagea la grande guerre intellectuelle du moyen-âge. Elle fut longue et acharnée : longue, car il fallait lutter contre des habitudes mentales qui dataient de loin et s'étaient enracinées ; acharnée, car l'esprit conservateur sentait instinctivement que la chute de ces entités ébranlait des croyances que l'esprit critique compromettait sans le savoir et sans le vouloir ; mais enfin le résultat fut décisif, et, quand il fut obtenu (ce qui coïncide presque avec la fin du moyen-âge), le nominalisme avait pris un empire incontestable et créé d'autres habitudes mentales particulièrement favorables au développement des sciences modernes qui commençaient à poindre.

Là s'arrête le rôle social du syllogisme. Je ne crains pas de rapprocher ces deux mots, et plus on y réfléchira, plus on sentira que cette forme, aujourd'hui jugée si stérile, a été, à son temps, pleine de vie, de force et d'activité. Ce ne fut pas une vaine occupation que celle qui captiva pendant des siècles les esprits les plus éclairés ; ce ne fut pas une vaine ardeur que celle qui emportait la jeunesse occidentale aux bruyantes leçons des écoles parisiennes. Sans doute on dira que les questions agitées étaient imaginaires, et qu'il importait peu de savoir de quelle façon les universaux et les genres se comportaient par rapport aux individus et aux espèces. Une saine théorie de l'histoire ne permet pas d'accepter un jugement aussi superficiel, car, en appréciant ainsi les opinions et les doctrines, on ne tient compte que de l'avenir sans tenir compte du passé ; toute opinion, toute doctrine qui a figuré dans l'histoire est, par rapport à ce qui la précède, une avance ; par rapport à ce qui la suit, un retard. Certes, quand l'esprit humain en vint à poser comme des conceptions, imaginaires sans doute, mais distinctes et nettes, les universaux et les genres, il avait fait un grand pas hors de la simplicité primitive qui s'était figuré tant et de si grossières entités ; et, quand il fallut savoir si ces créations spontanées, qui avaient eu leur vérité transitoire, étaient quelque chose d'objectif, il y eut rude et long labeur à renvoyer dans le pays des chimères ces fées métaphysiques qui hantaient les écoles et ne les voulaient pas quitter. Et d'ailleurs est-il besoin de remonter jusqu'au moyen-âge pour trouver un exemple de ces *quiddités* qui paraissent désormais si futiles ? N'avons-nous pas à côté de nous, dans des sciences déjà fort avancées, des *quiddités* qui ne valent pas mieux, et qui, signalées ici, montreront tout à la fois comment de pareilles conceptions sont un moment utiles, puis, le moment d'après, ne font plus qu'embarrasser la voie et jeter un nuage sur la véritable conception des choses ? Qu'est-ce que le fluide électrique, sinon un fluide imaginaire ? Qu'est-ce que l'éther lumineux ou les particules lumineuses, sinon un éther ou des particules imaginaires ? Qu'est-ce que le fluide nerveux, sinon un fluide imaginaire ? Je conviendrai sans peine que des esprits accoutumés à ne pouvoir spéculer sur les données scientifiques sans le secours de fluides matériels ont dû recourir nécessairement à de telles inventions qui ont servi pendant quelque temps à fixer et rallier les idées ; mais, aujourd'hui, à quoi bon ces chimères ? Et n'est-il pas grand temps qu'un sage nominalisme nous délivre de ce réalisme parasite et arriéré ? Au moyen-âge, on fit justice d'un autre réalisme ; l'argumentation fut poussée à outrance, et les intelligences en sortirent plus lucides.

IV – EXTENSION DU NOMINALISME DANS L'ÈRE MODERNE

Et de fait, après ce notable déblai, on vit plus clair autour de soi. Au bout d'un certain temps de tâtonnements et d'expansion, où la nouvelle disposition mentale manifesta ses tendances propres, le courant, sur lequel des gens exercés par une analyse alors impossible auraient pu seuls discerner une pente insensible, recommença décidément à s'accélérer. Il est curieux de remarquer ici l'enchaînement des choses. On donne souvent, dans le langage, au mot *logique* l'acception de *raisonner avec conséquence*. En ce sens, je ne connais rien de plus logique que l'histoire ; tout y marche avec la conséquence propre à ces phénomènes-là où la filiation est le caractère essentiel : pour peu qu'on prenne un intervalle suffisant, la déduction apparaît manifeste ; mais ici, comme dans le reste, pour voir, il faut savoir, c'est-à-dire posséder la théorie. A défaut de cette lumière, tout est confusion, obscurité, chaos. Les conservateurs, qui défendirent le réalisme, et les novateurs, qui l'attaquèrent, obéirent les uns et les autres à la situation ; la question avait été posée à ce moment par le développement philosophique ils la débattirent et la jugèrent ; mais ce jugement, une fois acquis à la raison commune, vint inévitablement poser la même question sur un autre terrain et en déterminer par là une solution plus décisive. Ainsi arriva-t-il. Le dernier et le plus redoutable des nominalistes, Descartes, fit, comme on sait, *table rase*, effaçant provisoirement ce que la scolastique avait toujours laissé en dehors de la discussion, Dieu et l'âme, et étendant à toutes les conceptions théologiques ou philosophiques le même doute que l'école du moyen-âge avait jeté sur les entités des réalistes. On a dit que M. le docteur Strauss n'avait fait, dans *la Vie de Jésus*, que généraliser à toute la légende chrétienne le travail que la critique avait d'abord exécuté sur des points isolés. Cela est vrai, et il en est de même pour Descartes ; il généralisa l'objection élevée par le nominalisme, traita de la même façon une notion qui lui paraissait avoir besoin d'être reprise en sous-œuvre, et qui, en effet, demeurait, pour ainsi dire, en l'air depuis que le moyen-âge en avait enlevé les étais réalistes. Pour cette entreprise, il se confiait en la loyauté de ses intentions et en sa force de reconstruction ; mais il obéissait, lui aussi, sans le savoir, à la condition de son temps, car n'est-il pas évident que si Descartes a fait la tentative, c'est que le nominalisée scolastique avait fait son œuvre ? Et si, par impossible, un esprit eût conçu, avant le temps voulu, la *table rase* de Descartes, cette opération critique n'aurait pas réussi, et aurait dû être reprise à une époque mieux préparée, vu qu'elle aurait trouvé toutes les intelligences hérissées d'entités préjudicielles et obstruées de toutes parts.

De la célèbre formule : *Je pense, donc je suis*, Descartes tira tout ce monde de notions qu'il avait frappé d'une suspicion générale et d'une déchéance dubitative ; mais cela même qu'il produisit, que fut-ce, sinon un monde désormais manifestement subjectif ? Au lieu de ce monde réel et palpable que supposaient les croyances primitives, que donna-t-il, sinon des conceptions idéales qui, en définitive, ne reposaient que sur une argumentation plus ou moins concluante ? Nul n'a marqué mieux que Descartes involontairement sans doute, mais d'autant plus efficacement, la limite où vient expirer le réalisme antique. Il n'y aura plus de méprise possible. Toutes les intelligences modernes sauront dorénavant que ce n'est pas au dehors d'elles, comme l'avaient cru les intelligences nos aïeules, qu'il faut demander la preuve des existences cherchées, mais que c'est au dedans, et dès-lors aussi elles sauront qu'entre la négation et l'affirmation il n'y a qu'un argument. Cet argument parut tellement décisif à Descartes, qu'il le crut l'équivalent de la foi spontanée des époques antérieures. Cependant voici venir (et cela tarde peu), voici venir un penseur qui, placé en dehors des préoccupations de Descartes, soupèse l'argument et le trouve léger. Kant n'a pas de peine à établir que la démonstration de Descartes n'en est pas une. A son tour, le philosophe allemand veut s'arrêter sur cette pente, et, ne pouvant plus invoquer la raison, il invoque l'utilité ; mais les temps s'accomplissaient, et toute la métaphysique vint définitivement chavirer dans le panthéisme moderne de l'Allemagne.

En cette revue rapide de la métaphysique ou philosophie préparatoire, deux points sont à signaler : c'est que ni la logique n'a pu avancer en rien la métaphysique, ni celle-ci celle-là ; toutes deux n'ont jamais eu qu'une action négative ; dans la voie positive, elles se sont constamment tenues en échec.

Si Pergame, dit le héros troyen, avait pu être sauvé, il l'eût été par ce bras ; si la logique avait eu aucun moyen de développer la métaphysique, c'est dans le moyen-âge qu'elle aurait obtenu ce succès. Alors l'argumentation syllogistique n'eut pas de bornes ; des intelligences subtiles et opiniâtres tendirent de toutes parts leurs rets scolastiques pour saisir l'invisible vérité, mais elles ne l'atteignirent pas, et, disons-le à leur décharge, le développement historique nous apprend rétrospectivement que leur effort ne pouvait avoir d'autre issue que l'issue effective, à savoir l'exécution du réalisme. Tout vint aboutir nécessairement à une action destructive, à une critique victorieuse. La métaphysique, loin de se trouver plus riche et plus féconde après cette opération, se trouva réduite et affaiblie ; elle se débarrassa, il est vrai, de certaines erreurs, mais elle ne les remplaça par aucunes vérités. Son ancien domaine n'avait pas été conservé intact, et ce qu'elle en gardait était demeuré stérile à rien produire de nouveau ; tel fut le bilan de la métaphysique après la longue liquidation du moyen-âge. Les derniers déchets infligés par Descartes et Kant ne sont que le prolongement de cette banqueroute de plus en plus irrémédiable.

De son côté, en quoi la métaphysique s'est-elle montrée habile à promouvoir la logique ? En rien, et sur ce point nous avons l'aveu des métaphysiciens eux-mêmes. La logique, entre leurs mains, n'a pas dépassé le syllogisme, et jamais elle ne le dépasserait. *Sedet oeternumque sedebit infelix Theseus*. Indépendamment du fait qui est là pour en témoigner, il y a une raison profonde qui dépend de la nature même des choses. La métaphysique, n'ayant rien à démontrer, ou, ce qui est équivalent, travaillant sur des questions qui ne sont susceptibles d'aucune démonstration, a toujours manqué de la réaction essentielle de l'objet sur le sujet et dès-lors n'a pu jamais créer aucune méthode scientifique au-delà de ce qu'il y a de plus élémentaire dans le raisonnement. Pour mieux déterminer ma pensée, je prends un exemple auquel j'ai déjà fait allusion. Le prétendu fluide électrique des physiciens n'existe point, et, en tout cas, ne comporte aucune démonstration : aussi a-t-on beau spéculer sur ses propriétés, on n'en tire jamais que ce qu'on y a mis, et elles ne fournissent rien au-delà de ce que les phénomènes et les expériences fournissent d'ailleurs ; mais, si le fluide électrique était réel, et si l'on en prouvait la réalité, cette preuve serait certainement accompagnée de notions nouvelles qui appartiendraient à cet agent. De même pour les notions agitées par la métaphysique. N'ayant rien de réel, elles ne donnent jamais que ce qu'on y a mis d'avance ; assez semblables à ces alchimistes du temps jadis qui, aux croyants en la transmutation, ne faisaient voir l'or tant convoité que quand le creuset contenait déjà le précieux métal. C'est à cette cause qu'il faut attribuer la stérilité de la métaphysique, à part l'exercice élémentaire qu'elle a donné à la raison et l'office critique qu'elle a rempli, exercice et office sans lesquels on ne pourrait en aucune façon concevoir le développement historique. Pour tout le reste, elle n'a jamais tenu qu'un seul des deux agents nécessaires à l'élaboration scientifique, à savoir l'intelligence ; l'autre lui a été toujours étranger, à savoir le monde extérieur. Or, il n'y a de fécond que le conflit du monde extérieur et de l'intelligence humaine.

Les métaphysiciens ont quelquefois représenté la logique comme une sorte de mathématique universelle, antérieure à toutes les autres sciences, supérieure à toutes, faite pour les gouverner, parce que, seule, elle serait digne de cette domination souveraine. En cette assertion gît une erreur fondamentale qu'il n'est pas inutile de signaler. L'esprit humain ne renferme rien de plus que l'aptitude logique ; tout ce qui est au-delà lui provient de l'application de cette faculté à l'étude des phénomènes objectifs. S'il y avait dans l'esprit autre chose, toutes les sciences seraient purement et simplement déductives, sans l'intermédiaire d'une base expérimentale ; or, aucune science n'est déductive de cette façon, pas même les mathématiques, qui le sont le plus de toutes, mais qui cependant reposent sur un petit nombre de données fournies par l'expérience. Les métaphysiciens ne se sont jamais rendu un compte bien exact de ce qu'ils entendent par cette mathématique universelle. Toutefois, en soumettant leur idée, toute vague qu'elle est, au contrôle que fournit la comparaison des sciences positives, on reconnaît que cette mathématique universelle, si elle existait, ne serait rien autre chose qu'un ou plusieurs principes résidant dans l'intelligence et qui donneraient une déduction indéfinie pour toutes les sciences, comme les rares axiomes, fruit de l'expérience, la donnent à la géométrie. Cette mathématique universelle n'est, on le voit, qu'une dernière transformation des archétypes platoniciens ; c'est toujours une spéculation qui prétend, non faire jaillir la science du contact de l'intelligence avec l'expérience, mais la faire remonter à des sources imaginaires, à des réminiscences, à des principes innés. La stérilité croissante d'une telle manière de philosopher, au fur et à mesure que l'esprit humain s'éloigne des antiques conditions de son développement, est la meilleure preuve que cette voie est devenue mauvaise, comme aussi la fécondité croissante de l'autre manière de philosopher est la meilleure preuve de sa supériorité. Chercher dans l'intelligence un ou plusieurs principes qui seront la logique et qui constitueront le point de départ de toute science, telle est la chimère poursuivie par la métaphysique, car ces principes n'y sont pas. Prendre l'aptitude logique dans l'opération par laquelle elle s'applique aux phénomènes, telle est la réalité qu'étudie la philosophie positive ; car, ainsi que nous allons le voir de ce conflit résultent des méthodes dont l'ensemble compose, suivant l'heureuse expression de M. Auguste Comte, le pouvoir de démonstration de l'esprit humain.

V. – ÉVOLUTION HISTORIQUE DES SCIENCES POSITIVES

Ce n'est point au hasard et dans un ordre arbitraire que les sciences se sont formées. Elles se suivent l'une l'autre, quant à leur naissance, d'après une loi qu'on peut ainsi exprimer : une science est d'autant plus ancienne qu'elle est plus simple, et d'autant plus récente qu'elle s'adresse à des phénomènes plus compliqués. Cette proposition, présentée sous cette forme commode et pour ainsi dire incontestable, n'en est pas moins le fruit d'une profonde et difficile élaboration ; elle n'a pu être inspirée que par une saine conception de la série historique, et il était absolument impossible qu'on l'eût avant d'avoir la théorie de l'histoire. Cela posé, on tient la clé de tout l'enfantement et de toute la progression des sciences. La plus ancienne est la mathématique. En effet, de quoi a-t-elle besoin pour surgir ? De quelques observations empiriques d'une simplicité extrême et qui suggèrent immédiatement, par une véritable intuition, les axiomes fondamentaux. Aussi se perd-elle dans la nuit des temps. Elle fut cultivée avec le plus beau succès par les Grecs ; elle chemina avec les Arabes et dans le moyen-âge, et les modernes ont continué et agrandi immensément l'œuvre transmise par nos pères en civilisation.

Dans l'ordre des dates vient l'astronomie. L'objet dont elle s'occupe est déjà bien plus compliqué que celui qui est étudié par la mathématique. Les planètes, la terre, le soleil, la lune, les étoiles, tout cela forme un système de corps dont il faut reconnaître les lois. Ce sont des mouvements à tracer, des distances à évaluer, des volumes à mesurer, des vitesses à déterminer. Tant de difficultés en plus du côté de l'astronomie en expliquent la postériorité par rapport à la géométrie ; mais elle aussi jeta un vif éclat dans l'antiquité : elle excita dès-lors (sentiment du reste qu'elle a toujours fait naître chez les hommes) une profonde admiration pour la force de l'esprit humain, en vertu de la prévision si exacte qu'elle comporte. C'est, en effet, le côté qui a frappé Pline quand il dit : « Thalès de Milet prédit une éclipse de lune qui arriva sous le roi Alyatte. Plus tard, Hipparque dressa, pour six cents ans, la table des révolutions du soleil et de la lune. Le cours des ans ne lui a donné aucun démenti, et il semble avoir été admis aux conseils de la nature. Génies puissants et élevés au-dessus de l'humanité, ils ont découvert la loi qui régit ces grandes divinités et délivré de ses craintes l'esprit misérable des hommes qui, dans les éclipses, tantôt croyaient voir une influence malfaisante ou une espèce de mort des astres, et tantôt attribuaient l'obscurcissement de la lune à des maléfices et lui venaient en aide par un bruit dissonant. » Et ailleurs : « Hipparque, qu'on ne louera jamais assez, car personne plus que lui n'a fait sentir que l'homme a des affinités avec les astres et que nos âmes sont une partie du ciel, a observé une étoile nouvelle différente des comètes et née de son temps. Le jour où il la vit briller, le mouvement qu'il y aperçut excita des doutes dans son esprit ; il se demanda si cela n'arrivait pas souvent et si les étoiles que nous croyons fixes n'étaient pas mobiles elles-mêmes.

Alors il osa, chose audacieuse même pour un dieu, dresser pour la postérité un catalogue d'étoiles et en faire pour ainsi dire l'appel nominal. A cet effet, il inventa des instruments pour déterminer avec précision la position et la grandeur de chacune ; il donna ainsi les moyens de reconnaître, non-seulement si elles mouraient ou naissaient, mais encore si quelques-unes traversaient le ciel ou s'y mouvaient, et, semblablement, si elles croissaient ou diminuaient, laissant à tous le ciel en héritage, s'il se trouvait quelqu'un capable de recueillir la succession. » A proprement parler, la mathématique et l'astronomie sont les seules sciences qu'aient possédées les anciens ; des autres, ils n'ont eu que des matériaux, sans aucun lien véritablement scientifique.

Il faut maintenant franchir un vaste intervalle de temps pour rencontrer la création d'une science nouvelle. La physique, malgré de très belles recherches dues à Archimède, ne commence qu'à Galilée. Les phases de ce développement initial, on le voit, sont très longues, et l'on remarquera quelle stabilité ont simultanément les états sociaux correspondants : l'immense durée du polythéisme, l'âge considérable accordé au christianisme, tout cela est d'accord avec la lente mutation des intelligences, laquelle dépendait du lent accroissement des sciences.

Un intervalle long encore, mais pourtant bien plus court, fut exigé pour la production d'une autre science. C'est à la fin du XVIIIe siècle que naquit la chimie. Quelques hommes du premier ordre firent soudainement éclore cette grande œuvre, préparée par ces labeurs obstinés de l'alchimie, par ces creusets allumés pendant tout le moyen-âge au profit de la pierre philosophale. Comme les créations scientifiques marchaient infiniment plus vite que jadis, comme elles embrassaient une part de plus en plus considérable des phénomènes de la nature, on ne s'étonnera pas que la naissance de la chimie se trouve dans le siècle révolutionnaire et coïncide presque avec l'immense ébranlement social qui dure encore sous nos yeux.

La biologie suivit de près la chimie. Quoique l'antiquité eût eu des connaissances biologiques, quoique, après la renaissance, d'admirables découvertes eussent été faites, et que de moment en moment on approchât davantage du but, cependant je n'hésite pas à dire (et je ne suis pas seul de cette opinion) que la biologie n'a été définitivement installée comme science que par Bichat. Ce n'est qu'après que ce grand homme eut reconnu des propriétés spéciales aux corps organisés et eut fait une première ébauche de ces propriétés et des tissus qui en sont le siège, que la biologie prit une assiette indépendante et se dégagea complètement de l'étude des corps inorganiques. Il n'est pas besoin de rappeler combien cette nouvelle science a jeté d'éléments dans la rénovation sociale.

Enfin, pour couronner l'œuvre, pour achever la série, pour embrasser tout l'ensemble des phénomènes, il restait à transformer en science les connaissances historiques, qui jusqu'alors étaient éparses et sans lien. Cette dernière opération a été exécutée d'une manière, à mon sens, complètement satisfaisante par M. Auguste Comte, et c'est elle qui, en ce moment même, me fournit la lumière pour juger la logique, exposer le rôle de la métaphysique, et retrouver avec sûreté l'enchaînement des choses.

Voilà le fait empirique de la succession des sciences, tel que l'histoire, nous le donne. C'est une génération manifeste. Maintenant est-il difficile de concevoir d'où vient qu'il y ait ainsi génération ? Non sans doute. La mathématique est la seule science qui n'ait besoin du secours d'aucune autre : aussi elle se développe la première ; mais déjà l'astronomie ne peut cheminer sans la mathématique, de là son rang historique. A son tour, la physique s'appuie sur l'astronomie et la mathématique, la chimie sur la physique, la biologie sur la chimie, et la science sociale sur la biologie. Ce simple énoncé explique tout, sans qu'il soit besoin de rien ajouter. On aura compris que les six sciences que je viens d'énumérer embrassent sans exception les choses qu'il nous est donné de connaître, et qu'il n'est plus de nouvelle science abstraite à créer. La géométrie ouvre et la science sociale clôt cette série, qui commence aux propriétés des lignes et des nombres et qui finit aux phénomènes si compliqués des sociétés. Le labeur des générations à venir sera de développer ces six sciences, ou, pour mieux dire, cette philosophie, car la philosophie désormais n'est plus autre chose que le système ainsi disposé des six sciences abstraites.

VI. – MÉTHODES DES SCIENCES POSITIVES – LES SCIENCES SYSTÉMATISÉES CONSTITUENT LA PHILOSOPHIE

En possession d'une étude qui commence aux âges les plus reculés, marche avec le temps et comprend tout ce qui est accessible à l'intelligence de l'homme, il est possible de rechercher ce que cette étude a fait pour la logique, ou bien ce que la logique a fait pour cette étude. Les deux expressions sont identiques. La première science qui nous apparaît dans l'histoire est la mathématique. Celle-ci nous offre le modèle le plus beau et le plus étendu de la méthode déductive. Sans doute la déduction a été pratiquée spontanément par tous les hommes et en tout temps ; mais ce n'est que dans la plus ancienne et la plus simple des sciences qu'elle trouve une immense application. Là tout part d'un très petit nombre d'axiomes suggérés par la plus vulgaire expérience ; tout est soumis au plus étroit enchaînement ; tout marche à des développements de plus en plus amples, de plus en plus féconds. La seconde science, l'astronomie, dépend d'une autre méthode, de la méthode d'observation. Les phénomènes qu'elle étudie ne lui sont accessibles que par un seul sens, celui de la vue : elle n'a aucun moyen de les modifier, ils échappent à tout contrôle de l'homme, qui ne peut que les contempler. Aussi la méthode d'observation est-elle, là, d'une rigueur merveilleuse ; l'histoire de l'astronomie fournit le thème le plus instructif pour qui veut savoir comment les faits s'observent. L'astronomie est la seule science jusqu'à présent qui, d'inductive qu'elle était, soit devenue déductive. C'est Newton et la découverte de la loi de gravitation qui ont produit cette révolution. A la troisième et à la quatrième science appartient la méthode expérimentale dans sa perfection. Les corps inorganiques sont tels qu'on peut y porter une modification sans qu'il arrive ce qui arrive aux corps organisés, à savoir, une participation du tout à la modification faite dans une partie. Aussi la physique et la chimie ont-elles dû à l'expérimentation les magnifiques résultats qui les glorifient. Là la méthode expérimentale est dans toute sa pureté. Outre sa part dans l'expérimentation, la chimie offre une méthode qui lui est propre, à savoir, celle des nomenclatures. A peine eut-elle été créée par Lavoisier et ses illustres contemporains, qu'on créa pour elle un langage. Elle est la seule où l'on trouve l'application véritable de cette proposition métaphysique de Condillac : qu'une science n'est qu'une langue bien faite. A la cinquième science appartient la méthode comparative. La biologie, qui emploie sans doute subsidiairement les méthodes des sciences précédentes, a en propre la comparaison ; c'est la comparaison qui seule a pu donner l'idée suprême de la biologie, l'idée de la hiérarchie organique. A cela ne se bornent pas ses services logiques ; elle a fourni la méthode de classification. Pour apprécier ce qu'ont valu en ceci à l'esprit moderne la chimie et la biologie, il suffit de se représenter combien toute classification et toute nomenclature ont été étrangères aux anciens. Ils avaient des *nomenclateurs* pour rappeler à leur mémoire les noms des clients et des *salutateurs* ; mais ils n'avaient ni nomenclature ni classification. Enfin, la sixième science, ou l'histoire, complète les pouvoirs de l'esprit humain en lui offrant la méthode de filiation. Là, les faits dont il s'agit de trouver la loi n'appartiennent pas au champ de l'observation pure, ne sont pas accessibles à l'expérimentation, la comparaison même n'en donne pas une idée réelle ; mais ils s'engendrent les uns les autres, et c'est dans cette condition que gît et le caractère spécial qui les distingue et la méthode qui leur est propre.

Déjà j'entends s'élever l'objection : Mais tout ceci n'est pas de la logique. Comment ! ce sont des méthodes, et ces méthodes, la logique les laisserait en dehors d'elle ! Évidemment cela ne se peut. Et voyez de quelle façon elles s'échelonnent. L'observation, qui est le propre de l'astronomie, n'intervient plus que d'une façon accessoire dans les sciences subséquentes. L'expérimentation, dont le rôle est prépondérant dans la chimie et la physique, n'a qu'un rôle secondaire dans la biologie et dans l'histoire : je dis dans l'histoire, bien qu'on ne puisse pas y expérimenter à son gré ; mais les perturbations dans l'évolution sociale sont, de même que la maladie pour la biologie, une sorte d'expérimentation spontanée. A son tour, la comparaison, si décisive dans la biologie, s'applique imparfaitement à l'histoire.

Ces méthodes sont comme les mains de la logique et les instruments à l'aide desquels elle saisit les objets, sans quoi il ne lui serait pas donné de pénétrer profondément dans la nature. L'aptitude logique qui est innée à l'esprit humain se manifeste d'abord par deux opérations essentielles, la déduction et l'induction. Ces deux méthodes sont, à l'origine, suffisamment alimentées par les données simples et communes que tout suggère. Plus tard, pour déduire, il faut des principes ; pour induire, il faut des faits. Alors elles sont frappées d'impuissance et tournent sur elles-mêmes sans rien produire, si des méthodes subsidiaires qui sont telles que je les ai décrites ne viennent pas concourir à l'élaboration générale.

Il y a, dans le fait, deux logiques séparées, non par le fond, qui est identique, mais par le temps. Au commencement, déduire et induire appartient à tous. Ce domaine est commun à ce qu'il y a de philosophie et à ce qu'il y a de science. La métaphysique s'en empare, et, n'ayant à manier que des idées réfractaires à toute démonstration, elle s'y cantonne sans faire un pas de plus ; mais il n'en est pas de même de la science. D'abord les mathématiques donnent à la déduction une extension tout-à-fait inespérée ; puis, peu à peu, les autres sciences font, à l'aide des méthodes qui leur sont propres, de larges et profondes trouées dans les terres inconnues. Ces méthodes ne sont donc véritablement que des agrandissements, que des rameaux détachés de la logique primordiale, demeurée stationnaire entre les mains de la métaphysique.

Ces méthodes, on l'a vu, sont échelonnées, et, à fur et mesure du temps et du progrès, elles naissent respectivement avec les sciences, qui ne peuvent se développer sans elles. En regard de cet échelonnement et comme contre-épreuve décisive, on n'a qu'à chercher ce qu'a été l'action de la métaphysique. Il est telle de ces sciences, la biologie par exemple, qui est restée à l'état rudimentaire pendant une longue suite de siècles pleinement historiques. Depuis Hippocrate jusqu'à Bichat, on a tout le temps de suivre cette histoire toute préparatoire, où la biologie ne s'appartient ni ne se connaît. Dans ce long intervalle, les doctrines auxquelles on essaie successivement de la soumettre sont de pures chimères qui n'auraient aucune raison d'être, si elles n'étaient constamment empruntées aux notions concomitantes, soit de la métaphysique, soit d'une physique ou d'une chimie plus ou moins grossière. Pour être bien comprise, il faudrait que l'histoire de ces périodes préparatoires fût traitée à ce point de vue ; ce n'est pas la chimie seule qui a été précédée par l'alchimie, toutes les sciences compliquées ont eu leur période alchimique. Au reste, M. Barthélemy Saint-Hilaire décline, au nom de la logique métaphysique, toute suzeraineté sur les sciences ; mais, au nom de la logique positive, nous devons réclamer cette suzeraineté, car aujourd'hui, au point où en sont les choses, une philosophie qui se déclare incapable d'englober les sciences devient, par cela seul, incapable et indigne de demeurer une philosophie.

Le savoir humain tout entier est compris dans les six sciences énumérées. Comment pourrait-il se faire que toute la logique n'y fût pas aussi comprise ? Et, en effet, il en est ainsi ; mais, pour arriver à cette nouvelle vue, il n'a fallu rien moins qu'une transformation philosophique qui ôtât le pouvoir à la métaphysique et qui aux sciences substituât la science.

Il se produit ici, et cela doit être, pour la logique en particulier ce qui se produit pour la philosophie en général. Longtemps la métaphysique a tenu la place, mais, au fond, elle ne valait que par la généralité ; du reste, elle était essentiellement transitoire. Au contraire, la science, à qui l'avenir était réservé, ne valait que par la spécialité ; mais cette spécialité même en masquait complètement le caractère philosophique, et nul ne pouvait s'apercevoir que chaque science particulière était une partie intégrante de la philosophie future. Enfin la force des choses a prévalu ; les phénomènes sociaux ont été assujettis, et les sciences, étant, grâce à ce complément, susceptibles d'être systématisées, sont, par-là, devenues la philosophie. Qu'est-ce, en effet, que la philosophie, sinon une conception générale de l'ensemble des choses ? La théologie et la métaphysique ont eu la leur, la science a désormais la sienne. De même la logique : la logique métaphysique, pendant toute la préparation de l'humanité, a rempli le théâtre ; de son côté, la logique positive a cheminé, mais isolée en chacun de ses compartiments et n'apercevant en aucune façon les rapports qui liaient les parties ; c'est arrivée au bout qu'elle s'est reconnue, et, prenant alors la généralité, elle n'a plus rien laissé à sa rivale.

Il me paraît qu'indépendamment des accessoires une logique positive peut être composée des chapitres suivants, ainsi disposés : l'aptitude logique innée à l'esprit humain, la déduction, l'induction, le syllogisme, l'observation, l'expérimentation, la nomenclature, la classification, la comparaison, la filiation. C'est à beaucoup d'égards cette idée qui a guidé M. Mill dans son ouvrage ; c'est aussi, par un effet naturel de la position respective des deux esprits, l'idée à laquelle M. Barthélemy Saint-Hilaire serait le plus opposé, et quand il dit « L'Angleterre a presque complètement déserté le terrain de la philosophie, et, dans ses plus grands efforts, elle arrive tout au plus à *quelques systématisations baconiennes* des sciences naturelles, » il est permis de penser qu'il fait même allusion au présent ouvrage de M. Mill ; mais ici il y a une grave méprise. La philosophie positive, dont le livre de M. Mill relève bien plus que des idées de Bacon, n'a rien de commun avec les conceptions du célèbre chancelier. Elle n'est point une simple systématisation des sciences : si elle n'était que cela, elle ne serait pas une philosophie ; mais elle exige pour préliminaire indispensable la création de la science historique ou sociale. Tant que cela n'est pas fait, rien n'est fait, et la philosophie théologique ou métaphysique garde toujours pour elle, si elle renonce depuis Descartes à la direction des sciences, un domaine qui, en réalité, est le plus considérable et le plus important de tous. La scène change quand la science historique est créée ; alors la philosophie positive devient possible, car elle embrasse désormais toutes les spéculations humaines, à savoir, la nature inorganique et la nature organique, et elle devient possible à deux conditions, savoir : qu'elle distinguera parmi les sciences celles qui sont pures et abstraites (je les ai énumérées plus haut), et qu'elle les rangera dans l'ordre de leur subordination réciproque. On voit qu'une telle opération ne peut être, à aucun titre, qualifiée de *baconienne*.

VII. – VARIATIONS SÉCULAIRES DES TENDANCES LOGIQUES. – CONCLUSION.

La logique positive offre une suite de développements qui s'enchaînent, de méthodes qui se supposent, tellement que quiconque saura en donner un aperçu clair et succinct donnera en même temps un aperçu général de l'histoire des sciences et de leur évolution l'une à la suite de l'autre. C'est le propre de toute spéculation réelle sur l'histoire et la société de se présenter ainsi. Il doit y apparaître clairement que l'ordre de succession est nécessaire, et que ceci ne peut jamais être mis à la place de cela. Chaque phase de civilisation (et aucune phase essentielle ne peut être sautée) implique un état mental également incompatible avec le passé qui a été rejeté et avec l'avenir prématuré, si l'avenir, ce qui arrive quand un peuple civilisé entre en contact avec des populations arriérées, est offert ou imposé. Aucun principe n'a une application plus ample. Il condamne ces condamnations successivement portées par le christianisme contre le polythéisme, par la philosophie critique du XVIIIe siècle contre le christianisme ; il fait toucher du doigt l'impossibilité de passer, avant le temps, d'une science à une science, d'une idée à une idée, d'un ordre social à un ordre social, et il explique l'inutilité des efforts qui ont pour but de civiliser du jour au lendemain les peuples ou sauvages, ou demi-sauvages, ou demeurés stationnaires par une raison quelconque. A la logique positive d'aujourd'hui, les intelligences des populations primitives dont nous tirons notre civilisation auraient été aussi closes que le seraient celles des Cafres ou des Caraïbes contemporains.

En ceci, M. Mill n'a pas manqué à son habituelle sagacité, et ce qui, étant inconcevable à une époque, cesse de l'être à une époque subséquente lui a fourni des considérations intéressantes, « Il fut longtemps admis, dit-il, que les antipodes étaient impossibles à cause de la difficulté de concevoir des hommes ayant la tête dans la même direction que nos pieds. Et un des arguments courants contre le système de Copernic fut que nous ne pouvons concevoir un espace vide aussi grand que celui qui est supposé par ce système dans les régions célestes. L'imagination des hommes ayant été constamment habituée à considérer les étoiles comme attachées solidement à des sphères matérielles, il lui fut naturellement très difficile de se les figurer dans une situation différente et, à ce qu'il semblait sans doute, peu rassurante ; mais les hommes n'avaient pas le droit de prendre la limite actuelle de leurs facultés pour une limite définitive des modes de l'existence dans l'univers. » Il n'est personne qui ne se rappelle, pour peu qu'il ait gardé des souvenirs de son enfance, le temps où il lui était absolument impossible de concevoir la rondeur de la terre et les antipodes. Ce qui est vrai de l'enfance des individus est vrai de l'enfance des peuples.

L'exemple suivant est d'autant plus décisif qu'il offre, dans Newton lui-même, cette impossibilité de se figurer une chose qu'aujourd'hui chacun se figure sans peine. « Il n'y a pas plus d'un siècle et demi, dit M. Mill, c'était une maxime philosophique, admise sans conteste, et dont personne ne songeait à demander la preuve : *Qu'une chose ne peut pas agir là où elle n'est pas*. Avec cette arme, les Cartésiens firent une rude guerre à la théorie de la gravitation, laquelle, suivant eux, impliquant une aussi palpable absurdité, devait être rejetée sans examen le soleil ne pouvait agir sur la terre, puisqu'il n'y était pas. Il n'était pas surprenant que les adhérents des anciens systèmes d'astronomie soulevassent cette objection contre le nouveau ; mais la fausse notion imposait aussi à Newton lui-même, qui, pour émousser l'argument, imagina un subtil éther emplissant l'espace entre le soleil et la terre, et étant, par un mécanisme intermédiaire, la cause prochaine des phénomènes de la gravitation. *Il est inconcevable*, dit Newton dans une de ses lettres au docteur Bentley, *qu'une matière brute et inanimée puisse, sans l'intermédiaire de quelque autre chose qui ne soit pas matérielle, agir sur de la matière hors le cas d'un contact mutuel. Admettre que la gravité soit innée, inhérente, essentielle à la matière, de sorte qu'un corps agisse sur un autre à distance, à travers un vide, sans l'intermédiaire de quelque chose qui transmette l'action et la force de l'un à l'autre, est pour moi une si grande absurdité, qu'aucun homme, je pense, compétent dans les matières philosophiques ne s'y laissera prendre*. Un tel passage devrait être suspendu dans le cabinet de tout homme de science qui serait jamais tenté de déclarer un fait impossible, parce qu'il le juge inconcevable. Aujourd'hui personne n'éprouve de difficulté à concevoir, comme toute autre propriété, la gravité *innée, inhérente et essentielle à la matière* ; personne ne trouve que cette conception soit aucunement rendue plus facile par la supposition d'un éther ; personne ne regarde comme incroyable que les corps célestes puissent agir et agissent là où ils ne sont pas. Pour nous, l'action des corps l'un sur l'autre, *hors du cas de contact mutuel*, ne semble pas plus merveilleuse que cette action au contact : nous sommes familiers avec les deux faits ; nous les trouvons également inexplicables, mais nous les croyons tous deux avec une égale facilité. A Newton, l'un, parce que son imagination y était familiarisée, paraissait naturel et allant de soi, tandis que l'autre, par la raison contraire, paraissait trop absurde pour être admis. Si un Newton pouvait se tromper aussi grossièrement dans l'emploi d'un tel argument, qui osera s'y confier ? »

Nous touchons là à un point par où la science sociale s'unit profondément avec la biologie, à savoir le développement des aptitudes humaines par voie d'hérédité. Maintenant que la série historique est suffisamment prolongée, il est devenu de plus en plus manifeste que les populations sauvages, quoique fondamentalement organisées, quant à l'intelligence, comme les populations civilisées, ne présentent pas toutefois la même facilité à saisir et à comprendre ; qu'une indocilité singulière les caractérise, et que le temps seul, qui a fait notre civilisation, peut aussi faire la leur. Or, il est su, par le moyen de la biologie, que les aptitudes acquises se transmettent des parents aux enfants. De là cette ascension lente et graduelle qu'on nomme civilisation ; de là cette prépondérance croissante des idées et des sentiments généraux sur les idées et les sentiments particuliers ; de là cette impossibilité de franchir aucun degré essentiel dans l'évolution sociale, car cette évolution a une condition organique. L'hérédité physiologique, ainsi conçue, est une des causes de l'histoire.

Les aptitudes mentales se modifiant d'âge en âge, on comprend les succès qu'a obtenus la critique métaphysique sur les croyances successives des sociétés. A chaque phase, ce que les aïeux avaient trouvé palpable et naturel devenait inacceptable à la raison des descendants, et, par compensation, ce que les aïeux avaient trouvée inconcevable devenait pour les descendants naturel et palpable. Ainsi s'explique la grande facilité des démolitions à un moment donné ; ainsi tomba l'organisation polythéistique de l'antiquité ; ainsi s'écroule depuis trois cents ans l'organisation théocratique et féodale.

Toutes résumées et succinctes que sont ces pages, quiconque les aura parcourues sentira que les spéculations de la logique et de la science ne sont pas renfermées dans l'enceinte de l'école et qu'elles exercent une influence, médiate il est vrai, mais irrésistible, sur les destinées sociales. Il reconnaîtra que la philosophie gréco-romaine a préparé partout dans l'Occident l'avènement du catholicisme ; il verra que Dante, en mettant dans son *Paradis l'éternelle lumière* de Siger (je me sers de son expression) et le syllogisme, n'a pas eu tort ; car le syllogisme a vaillamment rempli sa tâche. Il comprendra que, si un homme démontre le mouvement de la terre, si celui-là crée la chimie, si un autre systématise la biologie, cela n'est indifférent ni aux autels ni aux trônes. L'expérience le fait voir ; mais la théorie historique le prouve en prouvant comme quoi l'état révolutionnaire est, à certains moments, inévitable, légitime, héroïque, et d'ailleurs le seul compatible avec la condition mentale de la société. L'établissement du christianisme, que fut-ce autre chose qu'une longue révolution de plusieurs siècles ? et qui maintenant, si ce n'est quelques admirateurs rétrogrades de Julien, n'y applaudit et ne s'y associe ? Qui aussi, dans un avenir qui n'est plus très éloigné, n'applaudira et ne s'associera aux révolutions qui nous emportent à notre tour ? L'anarchie est la compagne menaçante et le danger de pareils états. L'anarchie, lors de la chute du paganisme, se montra sous forme d'hérésies religieuses ; aujourd'hui elle se montre sous forme d'hérésies sociales. Concilier l'ordre et le progrès est l'obligation de la doctrine rénovatrice qui doit prévaloir. J'ai fait suffisamment entendre quelle est, dans mon opinion, celle qui satisfait à cette condition. En attendant, il est un point qu'on perd trop de vue : à chaque menace de l'anarchie, on se rejette, pour la conjurer, vers les institutions qui, dans le passé, étaient la garantie de l'ordre, de sorte qu'on demande à des choses qui, à l'époque de leur force et de leur splendeur, n'ont pu se soutenir, de nous soutenir et de nous défendre à l'époque de leur décadence et de leur faiblesse. C'est l'utopie de Sisyphe voulant porter en haut une pierre qui est destinée à rouler en bas.

Le mérite de M. Barthélemy Saint-Hilaire est d'avoir fait présent au public d'une excellente traduction de l'ouvrage d'Aristote. Le mérite de M. Mill est d'avoir tracé le premier les linéaments de la logique positive. Pour moi, s'il m'est permis de caractériser la tâche beaucoup plus humble et moins laborieuse que je me suis donnée dans cette *Revue*, j'ai essayé de faire saisir la filiation entre la logique du IVe siècle avant l'ère chrétienne et la logique du XIXe.

ISBN : 978-1976343193